进化的旅程

生命诞生

王章俊 著

童趣出版有限公司编　人民邮电出版社出版
北　京

图书在版编目（CIP）数据

进化的旅程. 生命诞生 / 王章俊著 ; 童趣出版有限公司编. -- 北京 : 人民邮电出版社, 2021.9
ISBN 978-7-115-56196-1

Ⅰ. ①进… Ⅱ. ①王… ②童… Ⅲ. ①生物－进化－少儿读物 Ⅳ. ①Q11-49

中国版本图书馆CIP数据核字(2021)第051206号

著　　：王章俊
责任编辑：何　况
责任印制：李晓敏
排版制作：韩木华

编　　：童趣出版有限公司
出　　版：人民邮电出版社
地　　址：北京市丰台区成寿寺路 11 号邮电出版大厦（100164）
网　　址：www.childrenfun.com.cn

读者热线：010-81054177
经销电话：010-81054120

印　　刷：北京华联印刷有限公司
开　　本：787×1092 1/12
印　　张：4
字　　数：80 千字
版　　次：2021 年 9 月第 1 版　2021 年 9 月第 1 次印刷
书　　号：ISBN 978-7-115-56196-1
定　　价：30.00 元

序言

如果把地球46亿年的历史浓缩成24小时，恐龙在22点46分39秒第一次出现，不到1小时后，在23点39分30秒，又从地球上消失。相比之下，人类出现得极其晚，在最后1分钟才诞生在非洲。但就在这1分钟的时间里，人类开始直立行走、制造石器、学会用火、发明高级语言，创造出了灿烂的文明。

今天，我们遥望飞翔、奔跑的史前生灵，寻觅我们祖先走出非洲的迁徙路线，犹如乘坐一架时光机器。我们回到200多万年前，看到祖先如何采集、狩猎，再到1亿多年前的白垩纪，见证恐龙如何进化成鸟类……穿越到3亿多年前的晚泥盆世，看到四条腿的鱼类如何登上陆地，从此拉开了四足动物繁衍的序幕……直到5.3亿年前的寒武纪，目睹蔚为壮观的“生命大爆发”，人类的有头鼻祖——昆明鱼隆重现身，开启了脊椎动物的进化之旅！

40亿年前，地球上所有生命的始祖——露卡悄然面世。

继续回溯到 138 亿年前，我们会看到“宇宙大爆炸”的壮美画面，见证氢原子的形成、第一束光的出现，以及 50 亿年前太阳的诞生。

孩子对生命进化的兴趣，源于人类独有的本能。从呱呱落地、翻身爬行、站立行走，到跳跃奔跑；从牙牙学语、初识文字、学会书画、掌握技能，再到设计飞船、进入太空……犹如人类的祖先从四足爬行，到直立行走、制作石器、走出非洲，最终遍布全球。

这套书既可以激发孩子对科学的热爱，也可在孩子的思想深处播撒对自然知识渴望的种子。书中生动而充满创意的插图和通俗有趣的文字，一定会令他们手不释卷。同时，生动直观的生命进化树，可以让孩子了解脊椎动物的前世今生，赋予孩子丰富的联想，提升逻辑思维和创新潜力。

我希望越来越多的孩子，我们的子孙后代，都能把“我想当一名科学家”作为儿时的梦想，只有这样，方能极大地提升人生价值，也只有这样，民族复兴、国家强盛，方能指日可待！祝小朋友们阅读愉快，开心成长！

舒德干

中国科学院院士、进化古生物学家

前言

孩子对宇宙中运行的天体、千奇百怪的动物，以及神秘莫测的自然现象天生充满好奇心，尤其是对史前动物——恐龙，更是表现出极大的兴趣，经久不衰。

每个生命都是一个不朽的传奇，每个传奇的背后都有一个精彩的故事。

学习自然科学知识，既要知道是什么，更要知道为什么，正所谓“知其然，知其所以然”。学习自然科学，就要抱着“打破砂锅问到底”的科学态度，了解表象，探索本质，循序渐进，必有所得。

这是一套专门为孩子量身定做的自然科学绘本（共 4 册），从“大历史”的视角，按时间顺序与进化脉络，将天文学、地质学、生物学的知识融会贯通，不仅让孩子知道宇宙天体的现在与过去，更让孩子了解鲜活生命的今生与前世。

发生于138亿年前的“宇宙大爆炸”，创造了世间万物，甚至创造了时间和空间。诞生于40亿年前的露卡，是一次次“自我复制”形成的最原始生命。一切生命，都由 4 个字母 A、T、G、C 与 20 个单词代码（氨基酸）书写而成。无论是肉眼看不见的领鞭毛虫或身体多孔的海绵，还是形态怪异的叶足虫或体长 2 米的奇虾，都是露卡的“子子孙孙”，也就是说，“所有的生命都来自一个共同的祖先”。

所有的脊椎动物，无论是海洋杀手巨齿鲨、爬行登陆的鱼石螈、飞向蓝天的热河鸟、统治世界的人类，还是侏罗纪—白垩纪时期霸占天空的翼龙、称霸水中的鱼龙、主宰陆地的恐龙，都有一个共同的始祖——5.3 亿年前的昆明鱼。

人类的诞生只有 400 多万年，从树栖、半直立爬行到两足直立行走，从一身浓毛到皮肤裸露，从采集果实到奔跑狩猎，从茹毛饮血到学会烧烤，直到数万年前，我们最直接的祖先——智人，第三次走出非洲，完成了人类历史上最伟大、最壮观的迁徙，跨越海峡，进入欧亚大陆；乘筏漂流，抵达大洋洲；穿过森林，踏进美洲，最终统治世界五大洲。新石器时代，开启了人类文明之旅，从农耕文明到三次工业革命，直至今天，进入了人工智能时代。

我们希望这样一套书能带给孩子最原始的认知欲一些小小的满足，能带领孩子进入生命的世界，能让孩子在阅读中发现科学的美妙与趣味，那便是我们出版这套书最大的价值。

王章俊

全国生物进化学学科首席科学传播专家

砰!

宇宙是什么?

一开始，宇宙只是一个看不见的“奇点”，但它有着无限的能量。138 亿年前，奇点发生了“大爆炸”，向四周极速膨胀，于是产生了时间、空间和物质，形成了宇宙。

现在的宇宙可观测直径约 930 亿光年，相当于 63 亿亿个太阳的直径。宇宙仍在膨胀，而且膨胀的速度越来越快。

宇宙大爆炸的瞬间像是一锅又烫又稠的“小疙瘩汤”，小疙瘩就是夸克粒子。在极度高温下，汤里的夸克很快结合，形成质子和中子，就像变成了大疙瘩一样。随着温度的降低，质子又吸引了电子，形成了最早的物质——氢原子和氦原子，也有了第一束光。

夸克是构成物质的基本单元。夸克结合，组成质子和中子。质子和中子构成原子核，再与电子结合组成原子。

原子核由带正电的质子和不带电的中子组成。

随着大爆炸后的极速膨胀，宇宙温度逐渐降低。在大爆炸之后，引力作用让尘埃和气体发生聚集、相互挤压，产生了热量，温度升高，内部的氢原子在高温下发生核聚变反应，形成了恒星。

太阳系诞生了

我们已经知道了，恒星是物质团发生氢核聚变形成的，而这些物质团不可能一模一样，所以恒星的大小也各不相同。大约在大爆炸之后 88 亿年，也就是 50 亿年前，我们最熟悉的恒星太阳的胚胎——原始太阳星云，就这样形成了。

在新形成的太阳周围，仍然有残留的气体和尘埃聚集在一起，它们围绕着“行星胚胎”，像滚雪球一样，逐渐堆积变大，形成了一颗颗行星。大约在 46 亿年前，太阳系诞生了。

恒星能够发出光和热是因为它的核心发生着核聚变。

行星和恒星不一样，不能发光发热。

地壳(qiào)
地幔(màn)
外核
内核

太阳的内部结构

对流层
辐射层
核心

水星
金星
地球
火星
木星
土星
天王星

由于太阳风的作用，距离太阳近的四颗行星由岩石构成，像地球一样，叫类地行星；而距离太阳远的四颗行星由氢、氦、甲烷、水和氨等构成，像木星一样，叫类木行星。另外，太阳系中还有无数颗小行星及彗星、卫星等小型天体。

从“火球”到地球

最初的地球被熔岩海和分散的熔岩湖覆盖着，犹如一个炙热的大火球。随着时间的推移，这些岩浆渐渐冷却、凝固，就像熬好的热糖稀变成了硬糖。

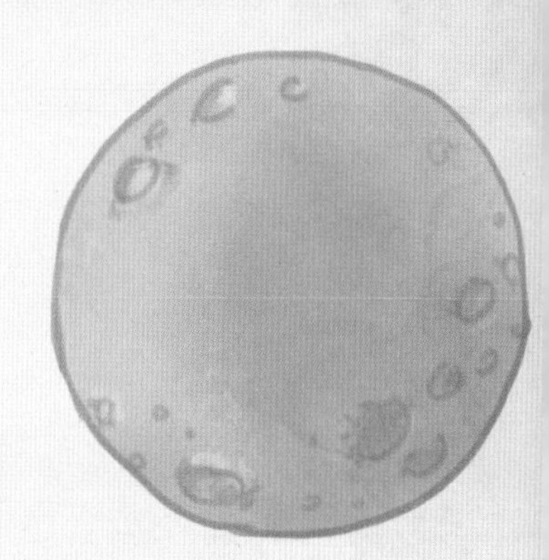

最初的地球被岩浆包裹着

随着岩浆的凝结，岩浆释放的气体被地心引力拉住，笼罩在地球外，形成了最初的大气层。

最初的大气层十分稀薄，没有氧气，主要由水、二氧化碳、甲烷、硫化氢、氮氧化合物、氨气、磷酸、氢气等组成。后来地球上出现了最早的生物——蓝藻（也被称为蓝细菌），它们就是地球早期最大的氧气生产者。

原始汤

随着温度的不断降低，大气层中的水蒸气变成雨水落到地球表面，聚集在低洼处，形成了原始的海洋。这个原始海洋中富含碳、氢、氧、氮、磷、硫等生命最基本的元素，被科学家们称为“原始汤”。

在宇宙射线、太阳紫外线、闪电、高温等因素的影响下，“原始汤”中的无机物转化成了有机化合物，如氨基酸、核苷(gān)、核苷酸等。

露卡与蓝藻

在约 40 亿年前，在原始海洋中形成的核苷酸等有机大分子，由于没有被其他生命体“吃掉”的危险，还有海水的保护，所以逐渐聚集起来。经过长期积累和相互作用，这些有机大分子在“原始汤”里形成了核酸多分子体系，最终演变为原始细胞团块。

最初的生命形式叫作露卡，它是最古老的原始细胞团块，它的英文“LUCA”就是“最后的共同祖先”英文的首字母的缩写。露卡含有几百个基因，能够进行 DNA（脱氧核糖核酸）自我复制。露卡的出现拉开了生命进化的序幕。

原始海洋中的核苷酸大分子长期聚集，相互作用，形成核酸，最终演变出原始生命。

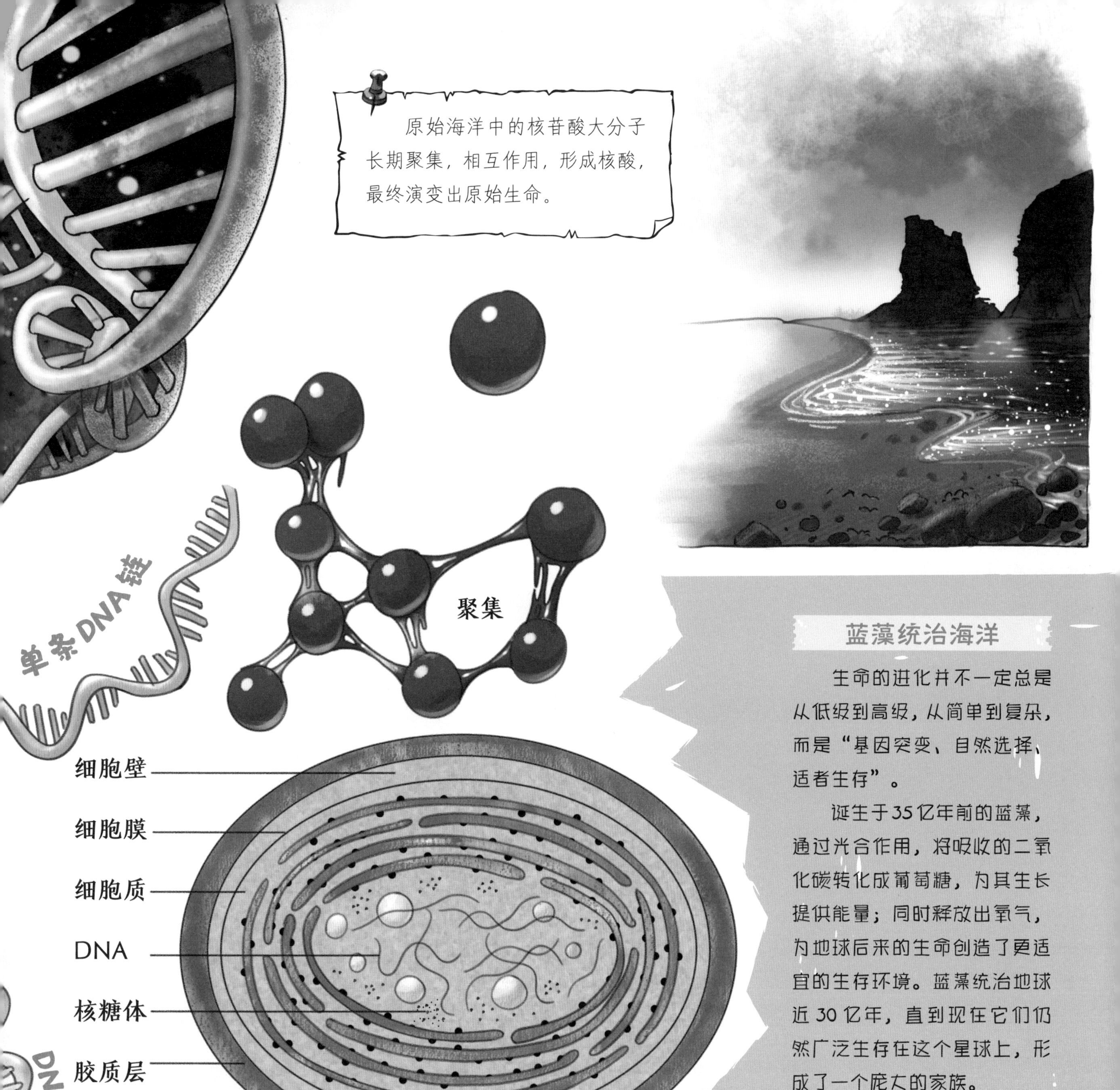

蓝藻统治海洋

生命的进化并不一定总是从低级到高级，从简单到复杂，而是“基因突变、自然选择、适者生存”。

诞生于35亿年前的蓝藻，通过光合作用，将吸收的二氧化碳转化成葡萄糖，为其生长提供能量；同时释放出氧气，为地球后来的生命创造了更适宜的生存环境。蓝藻统治地球近30亿年，直到现在它们仍然广泛生存在这个星球上，形成了一个庞大的家族。

小小的细胞

生命都是由细胞构成的。最初的生命是单细胞生物，只有原核细胞。它们没有细胞核，只有 DNA、RNA 与蛋白质，三者分别负责信息储存、传递和执行。

在 20 多亿年前，原核细胞进化出一层膜，把 DNA、RNA 和蛋白质包裹起来，形成了最原始的细胞核，由此，诞生了真核细胞，真核细胞又进化出各种细胞器。

原始的真核细胞为了适应氧气环境，先吞噬了蓝细菌，利用它们吸收氧气。后来，蓝细菌进化成线粒体，线粒体犹如真核细胞内的“发电厂”，为细胞提供动力。此后，含线粒体的真核细胞又吞噬了光合细菌，进化成叶绿体。叶绿体能利用阳光，为植物提供能量。

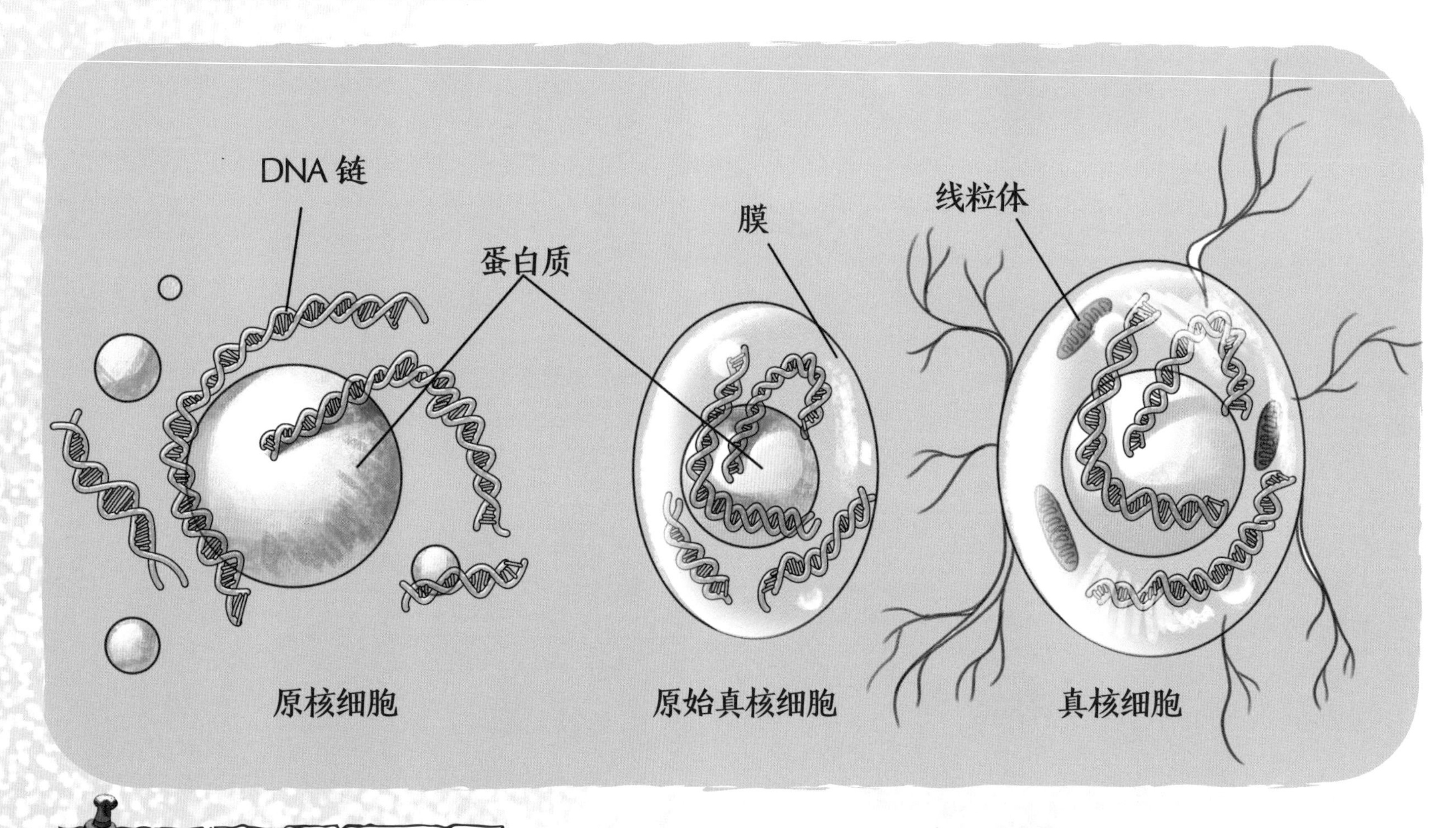

原核细胞没有核膜包被的细胞核，而真核细胞有核膜包被的细胞核。

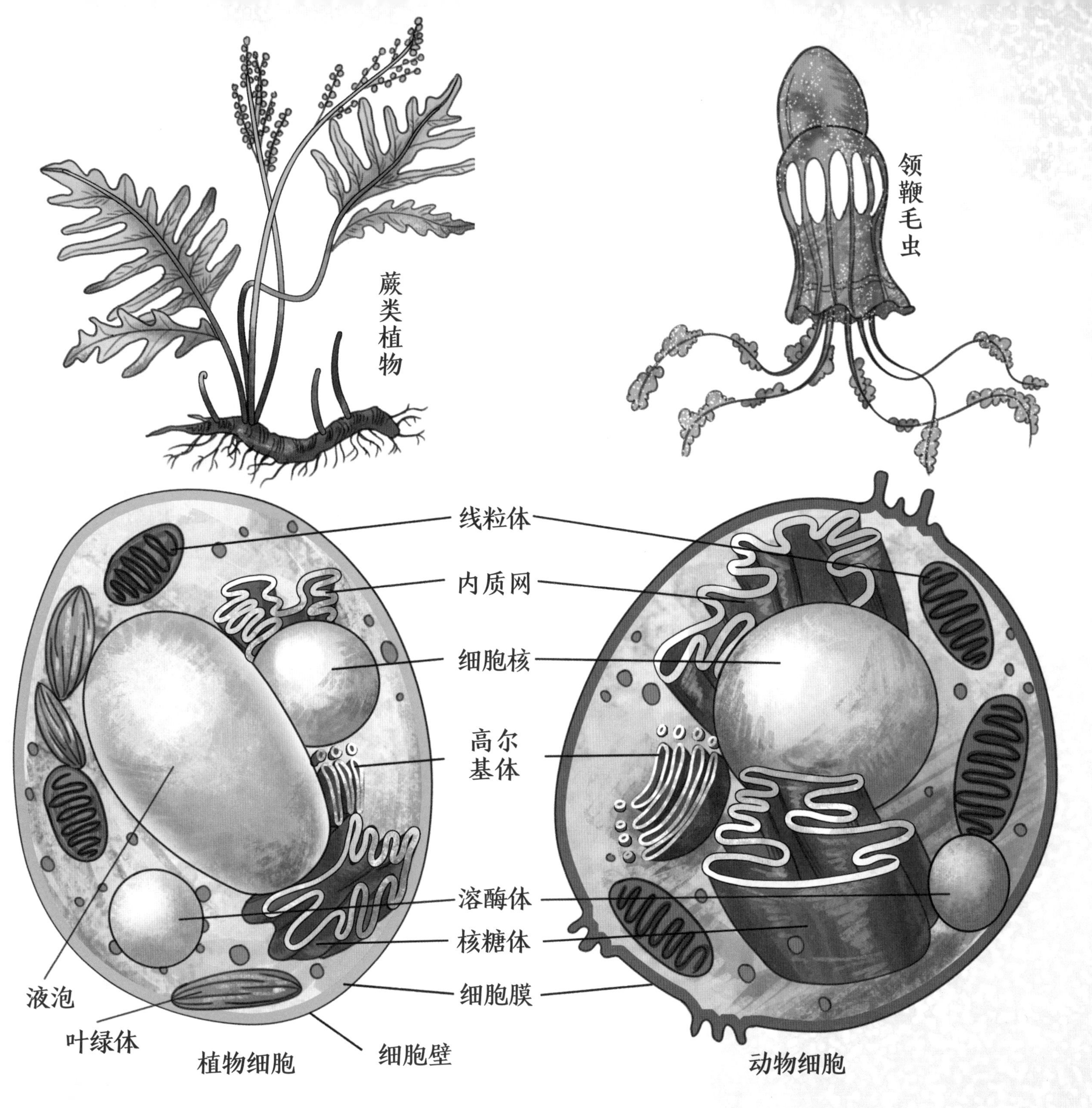

地球上的植物、动物及真菌类都是真核生物。植物的细胞里有线粒体与叶绿体，植物通过叶绿体进行光合作用，为自身提供能量、生存繁衍，被叫作“自养生物”，所以植物没有进化出手、脚、嘴巴等器官。而动物的细胞里只有线粒体，动物必须通过捕食或进食才能生存繁衍，被叫作“异养生物”，动物因此进化出了各种各样的器官。

多细胞时代

大约在 24 亿年前，地球上的氧气含量猛然变多，原核细胞进化出了最早的单细胞真核生物——领鞭毛虫。在十几亿年漫长的生命进化过程中，真核细胞逐渐进化出丰富多彩的生命，生物从单细胞时代跃升到了多细胞时代。

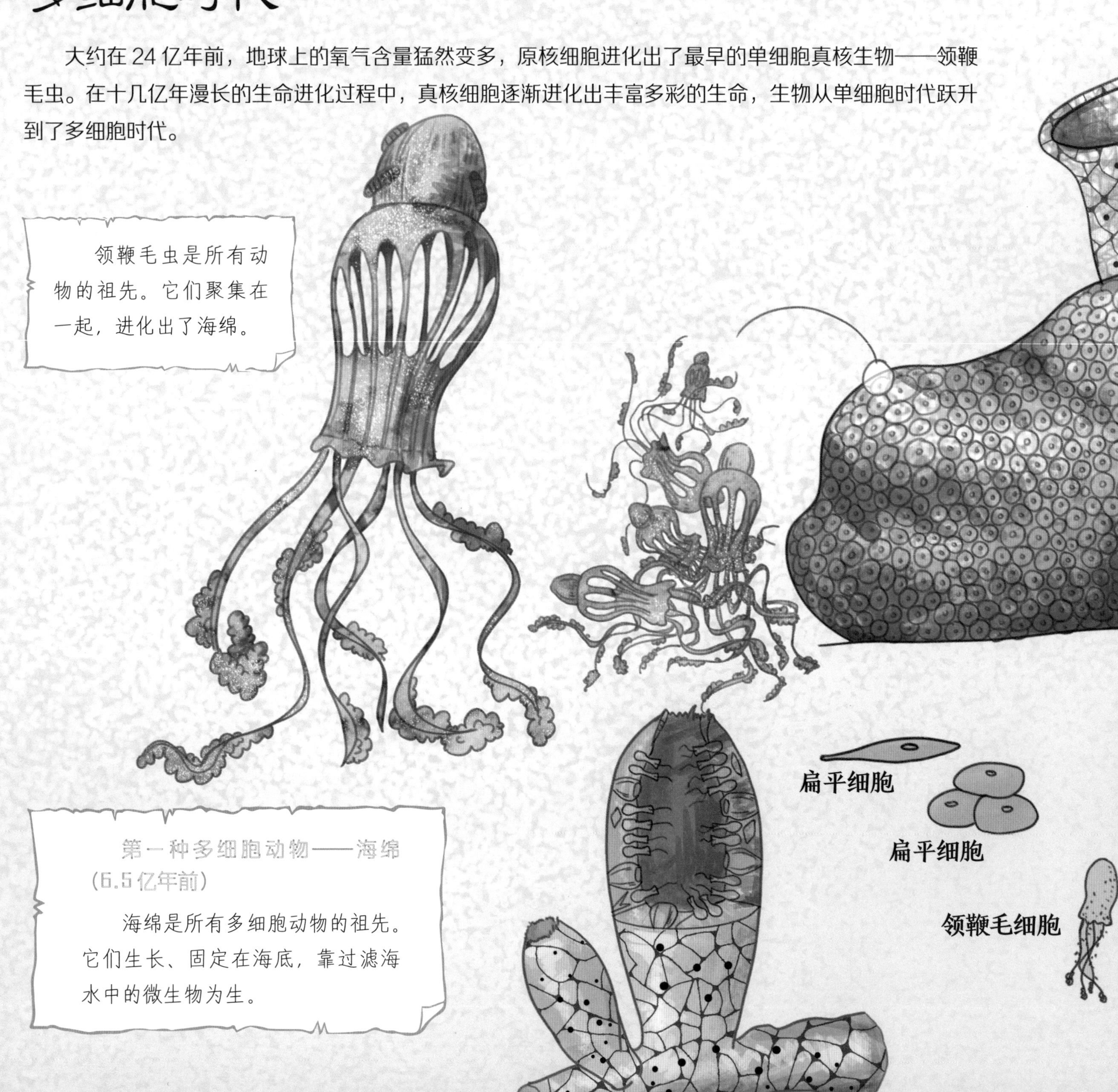

领鞭毛虫是所有动物的祖先。它们聚集在一起，进化出了海绵。

第一种多细胞动物——海绵（6.5 亿年前）

海绵是所有多细胞动物的祖先。它们生长、固定在海底，靠过滤海水中的微生物为生。

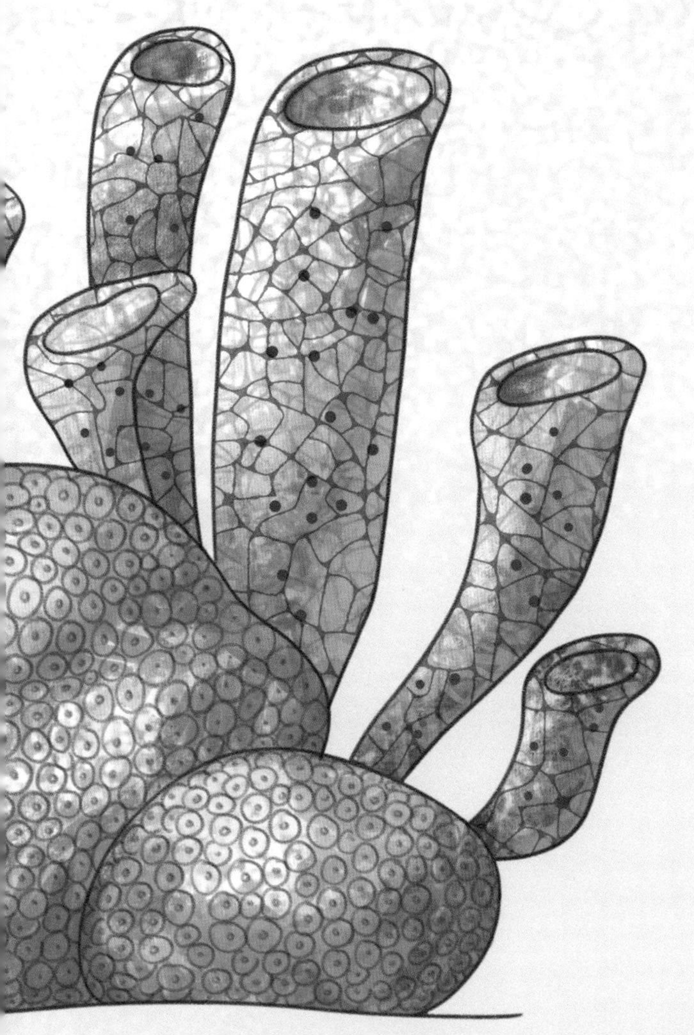

“重生之王”

说到海绵，可能你首先想到的是用来洗碗的人造“海绵”。其实，它是模仿海绵这种动物做成的。

海绵是构造最简单的多细胞动物，它们无头无口，没有肌肉与骨骼，也没有神经，就是一个细胞集合体，只有内外层细胞。外层细胞有许许多多的进水孔；内层细胞不停地挥动鞭毛，将氧气和微生物带入。海绵多数雌雄同体，通过无性或有性繁殖，异体受精，体内发育。

海绵是自然界中的“重生之王”，即使被撕成极小的碎块，仍能聚合在一起。这是由于海绵的内层细胞是“全能细胞”，可以自如地转换为体内需要的其他细胞，而且还可以再变回来。

第一种有嘴的动物——冠状皱囊（náng）虫（5.35亿年前）

冠状皱囊虫是已知最早的后口动物，它们可以用嘴巴去吃东西，而不是靠细胞吸收。后口动物的后代进化出了脊椎、四肢、头部，可以说是显生宙最早期的“人类远祖”。

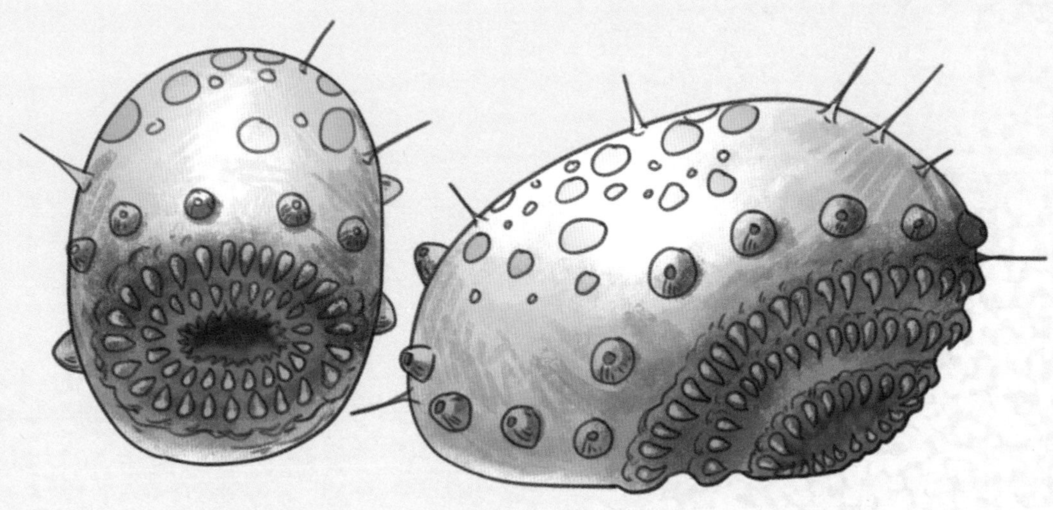

寒武纪生命大爆发

5.8 亿 ~ 5.2 亿年前，海洋中的氧含量小幅升高，细胞开始出现分工，生物的适应能力更强了，于是物种数量激增，还进化出了复杂动物。在 5.3 亿 ~5.1 亿年前，突然出现了许多种新的无脊椎动物，如奇虾、欧巴宾海蝎、三叶虫等，科学家们称之为“寒武纪生命大爆发”。我国被列入世界自然遗产的“澄江化石遗址”就是其中的典型代表。

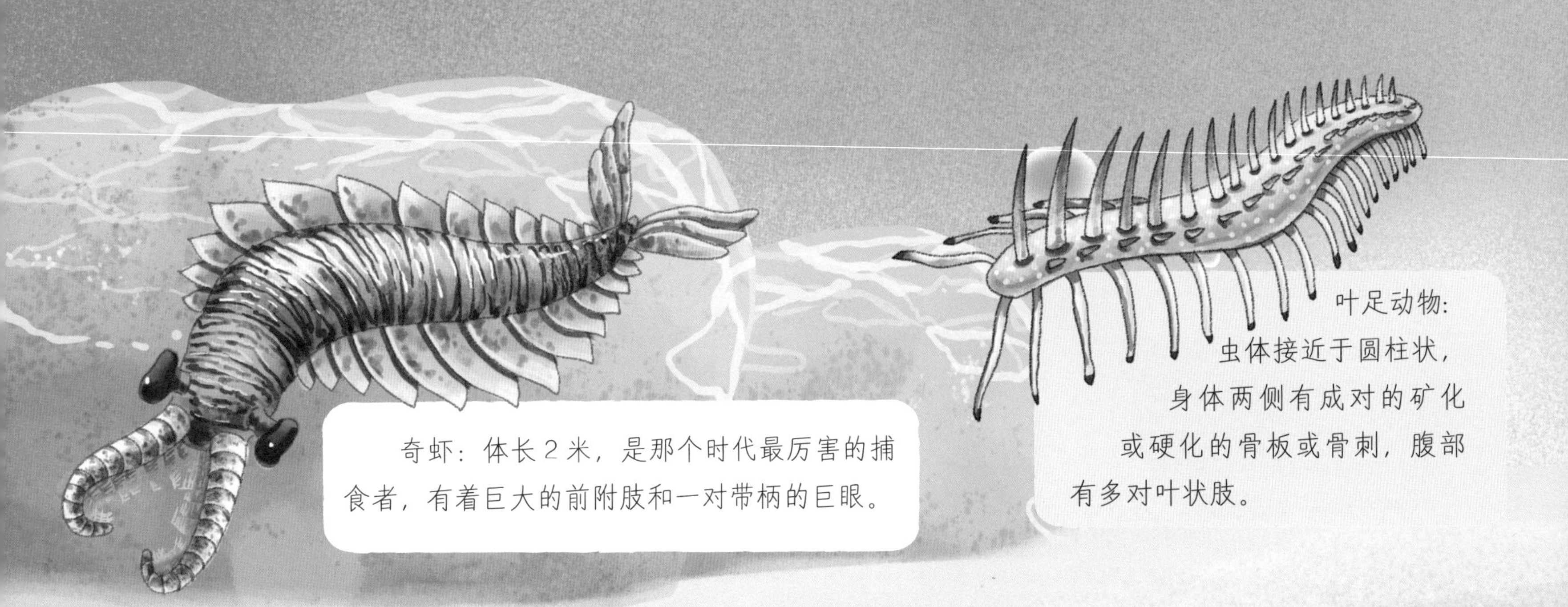

华夏鳗：第一种有人字形肌节和脊索的无头脊索动物，看起来像现在的文昌鱼。

抚仙湖虫：外骨骼分为头、胸、腹三部分，是现代昆虫的远祖。

埃迪卡拉动物群

1946年，在澳大利亚的埃迪卡拉地区，人们发现了许多像树叶、圆盘一样的生物的化石，它们都没有骨骼、器官，大多呈扁平状。不过它们早已灭绝了，不是现在动物的祖先。

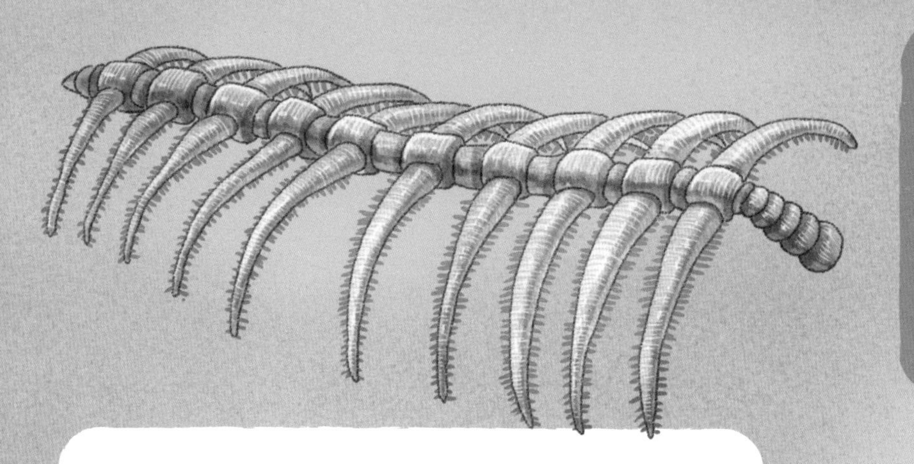

仙掌滇虫：身体分为10节，每一节上都有一对长满尖刺的足。它们很可能是蜘蛛、螃蟹等节肢动物的祖先。

灰姑娘虫：出现在5.2亿年前，它们的两只大眼睛是由2000多只小眼组成的复眼。

欧巴宾海蝎：头顶长着5个带柄的眼睛，眼睛前端向外伸出一个柔软的长管，长管顶端有一个像钳子一样的嘴巴，用来捕食猎物。

三叶虫：在地球上生存了近3亿年，是个有上万种类的庞大家族！

支撑身体的脊椎

在寒武纪生命大爆发中，诞生了生物进化历史上最早的有鳃裂、肛门的古虫动物类，但这时的动物还没有进化出头。

就是这种没有头脑的古虫动物类，后来进化成了有脊椎、头脑、眼睛和肛后尾的动物，如昆明鱼、海口鱼等。

第一种有鳃裂的动物——西大动物

5.3亿年前出现的西大动物是第一种有鳃裂、口、消化道和肛门的无头动物。它们生活在水中，用身体前端的口吸进水和氧气，过滤水中的食物，废水经过消化道后，从肛门排出；它们还会用鳃裂进行气体交换，并将废水排出。西大动物后来进化成了最早的鱼类。

眼睛是大脑的外延，可以帮助动物探知外面的世界，比如捕食猎物或是逃避捕食者的追杀。

进化出脊椎标志着动物进入了新的发展阶段。

脊椎不仅可以支撑身体，还可以增加运动的多样性，并促进头脑、四肢等的分化。如果没有脊椎连接身体的肌肉、骨骼，人类就不能走路、奔跑，只能像虫子一样爬行或蠕动前行。

有“头盔”的鱼

昆明鱼是最早、最原始的无颌（hé）鱼类。长出脊椎、头脑和眼睛是脊椎动物进化史上的第一次巨大飞跃。

最原始的无颌鱼类为了生存繁衍，进化出了“头盔”。它们头部坚硬的骨片犹如“甲胄”，故名甲胄鱼。这个头颅骨片，可能就是后来脊椎动物头颅或人类脑壳的雏形。

翼鳍鱼：生活在约4.05亿年前。背部有一行显眼的背刺，尾部呈倒Y形。

星甲鱼：生活在约4.38亿年前。头部被整块骨片覆盖。

头甲鱼：体长不超过20厘米，头和躯干的前部覆盖着坚厚的骨质甲片，甲片的重量导致它们的游泳能力不强。

半环鱼：生活在约3.5亿年前。体长一般不超过30厘米，躯体外有骨片保护，长有成对的胸鳍。

昆明鱼：最早出现的原始鱼类，和今天的鱼非常不同，它没有胸鳍，只能靠身体收缩或摆动在水里游；也没有颌骨，嘴巴像一个吸管，靠过滤海水中的微生物为生。
鳍甲鱼：
头部和身体前部覆盖着一层硬甲，头甲后缘正中有一根向上竖立的刺状长棘。
无颌鱼类的
“活化石”——七鳃鳗：
它们是地球上仍然存活的一种无颌鱼类，保留着亿万年前祖先的样子，被称为“活化石”。它们的眼睛后面身体两侧各有7个鳃孔，所以被叫作七鳃鳗。
曙鱼：
生活在约4亿年前。
化石最早发现于中国浙江，
它们的头骨中已经有了颌骨的萌芽，
为研究颌骨起源带来了曙光，所以叫“曙鱼”。

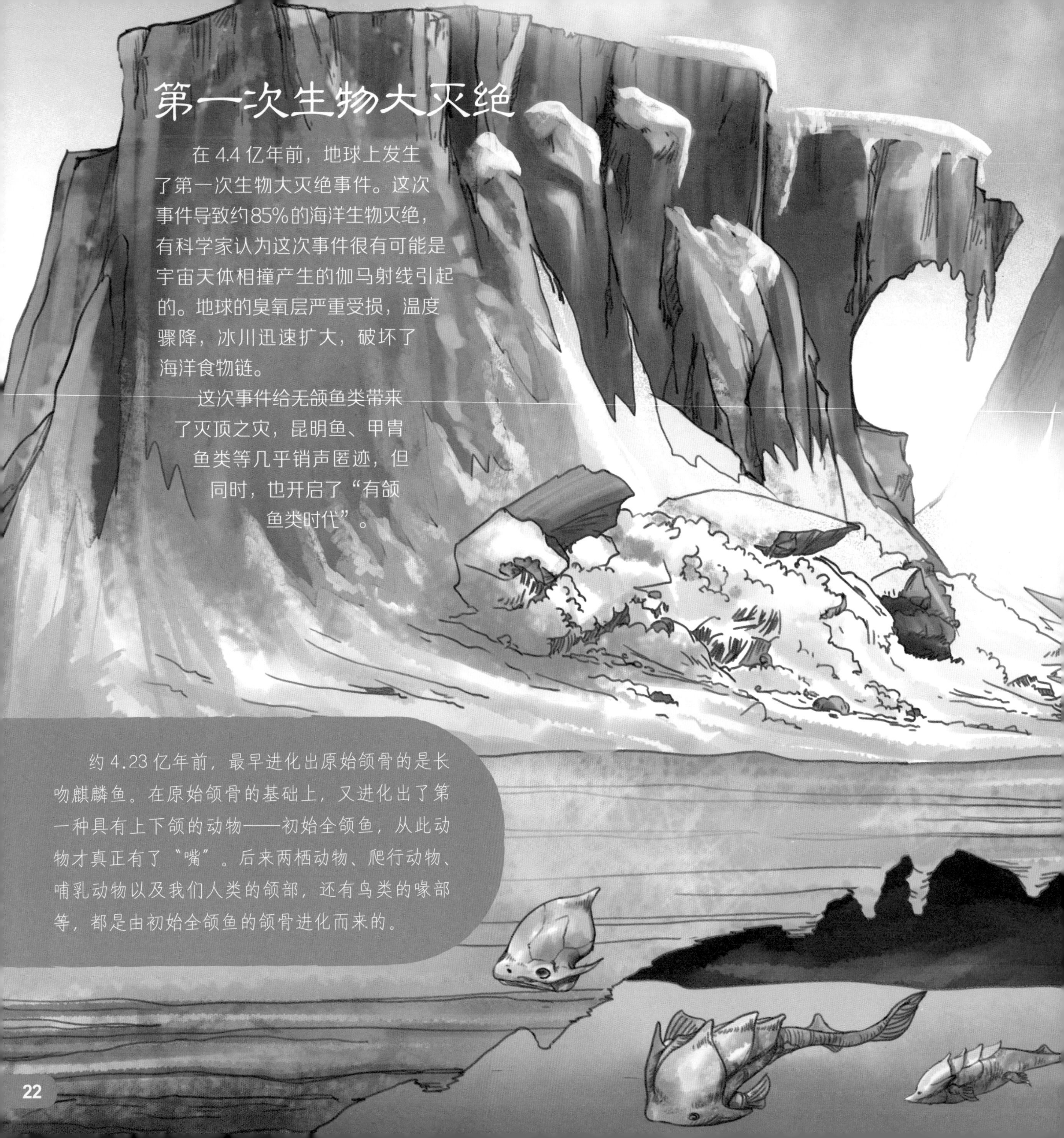

第一次生物大灭绝

在4.4亿年前，地球上发生了第一次生物大灭绝事件。这次事件导致约85%的海洋生物灭绝，有科学家认为这次事件很有可能是宇宙天体相撞产生的伽马射线引起的。地球的臭氧层严重受损，温度骤降，冰川迅速扩大，破坏了海洋食物链。

这次事件给无颌鱼类带来了灭顶之灾，昆明鱼、甲胄鱼类等几乎销声匿迹，但同时，也开启了“有颌鱼类时代”。

约4.23亿年前，最早进化出原始颌骨的是长吻麒麟鱼。在原始颌骨的基础上，又进化出了第一种具有上下颌的动物——初始全颌鱼，从此动物才真正有了“嘴”。后来两栖动物、爬行动物、哺乳动物以及我们人类的颌部，还有鸟类的喙部等，都是由初始全颌鱼的颌骨进化而来的。

人类和动物嘴结构的进化

我们每天吃饭、喝水、说话，都要活动上下颌骨。大家已经习惯了使用它们，并没有觉得颌骨有什么特别。其实，它们是经过了漫长的进化历程，才最终变成今天的样子。

海洋统治者

志留纪至泥盆纪（4.44 亿 ~ 3.59 亿年前）被称为“鱼类时代”，形形色色的鱼类随处可见，特别是已经有了上下颌的盾皮鱼类，它们数量众多，形态多样，一度雄霸天下。从此，脊椎动物登上了统治地球的舞台。

邓氏鱼：邓氏鱼属恐鱼科，是已知盾皮鱼家族中体形最大的，比现在的鲨鱼还要大，还要凶狠。
沟鳞鱼：沟鳞鱼体长只有十几厘米，头、胸部外套着一个壳，有点儿像穿着一层“盔甲”。它们的胸部还长有一对“翅膀”，也套着硬壳。
缩小的原始颌骨与体表骨片形成齿骨，构成了爬行动物的下颌骨，爬行动物没有咀嚼能力。爬行动物的关节骨、方骨和耳柱骨进一步缩小，进化成了哺乳动物的听小骨，而哺乳动物的下颌骨只是一块齿骨。哺乳动物不仅有了强大的咀嚼能力，而且听觉更加灵敏。
鳃弓
颌骨

“活化石”鲨鱼

有颌脊椎动物的共同祖先盾皮鱼类向两个方向发展：一支是硬骨鱼类；另一支则是由棘鱼进化而来的软骨鱼类，如鲨鱼类。软骨鱼的骨架由软骨组成，脊椎虽部分骨化，却缺乏真正的骨骼。

裂口鲨——鲨鱼的祖先

裂口鲨是最古老的原始型鲨鱼。它们的体形较小，有深叉形尾巴、较大的胸鳍、不明显的臀鳍，是游泳能手。头部后方的一块骨片，像另一个背鳍。裂口鲨咬合力较大，牙齿有许多尖峰，边缘光滑，适合咬住猎物，并整个吞食。尽管如此，它们还是邓氏鱼的“口下败将”。

皱鳃鲨——鲨鱼的活化石

皱鳃鲨是一种深海鲨鱼，有近4亿年的历史，是鲨鱼中最原始的一种。皱鳃鲨至今还生存在世界上。

巨齿鲨——“恐怖”之鲨

巨齿鲨曾经因为同名电影而名噪一时。它们生活在2800万～360万年前，以凶猛和牙齿巨大而闻名，最长的牙齿有18厘米，主要捕食鲸类。

旋齿鲨——具有奇特牙齿的鲨鱼

旋齿鲨生活在2.99亿～2亿年前，体长7～15米，牙齿又长又尖，呈向内卷曲的螺旋状。和它相比，现代鲨鱼的牙齿要宽得多。旋齿鲨顶部的牙齿磨损时，新牙会螺旋上升替换旧牙。

白垩刺甲鲨——牙齿像菜刀的鲨鱼

白垩刺甲鲨又叫“金厨鲨”，因为它们嘴里的500多颗牙齿非常锋利，像大厨的菜刀。它生活在1亿～8000万年前，体长可达7米，体重约3.5吨。

向左走，向右走

水中进化最成功的一类生物就是硬骨鱼类，它们是有颌脊椎动物进化的主要类群，分为肉鳍鱼和辐鳍鱼两大类，遍布淡水及海水水域。其中，肉鳍鱼类中的一支成功登陆，进化出了后来的四足动物；留在水中的肉鳍鱼类如今只剩下少数的肺鱼和腔棘鱼。而辐鳍鱼类一直生活在水中，我们常见的鲤鱼、草鱼、观赏鱼等，都属于这一类，现有3万多种。

4.2亿年前的一种身披奇特鳞片的古鱼——丁氏甲鳞鱼，表明了早在晚志留世，地球就已进入了“鱼类时代”。丁氏甲鳞鱼的身体覆盖着厚而紧密的鳞片，如同身穿盔甲的武士。

钝齿宏颌鱼生活在4.23亿年前，体长可达1.2米，是志留纪最大的脊椎动物。它们以钝圆的牙齿和典型的硬骨鱼颌骨为特点。大型钝齿宏颌鱼是当时水中的顶级掠食者，常常猎食鱼虾类、软体类和壳类动物等。

丁氏甲鳞鱼和钝齿宏颌鱼是最早登上进化舞台的硬骨鱼类，它们的出现，标志着脊椎动物向人类的进化又前进了一步。
希氏根齿鱼生活在3.3亿～3亿年前，最大个体的体长超过7米，体重超过2吨，流线型身体表面覆盖着坚硬的鳞片，它的牙齿长达22厘米，是当时的顶级掠食者，有“苏格兰猎手”之称。
拉蒂曼鱼是一种腔棘鱼类，最早出现在3.59亿年前。它们躲过了三次生物大灭绝事件，现在仍生活在深海里，被誉为“活化石”。

第二次生物大灭绝

在 3.77 亿年前，大地剧烈晃动，大量的岩浆喷涌而出，海水沸腾、酸化。之后，火山灰挡住了阳光，气温骤降。这样的环境前后持续了约 500 万年，绝大多数生物遭受灭顶之灾，这就是第二次生物大灭绝事件。这次事件拉开了陆生脊椎动物进化的序幕。

3.7 亿～3.6 亿年前，一些肉鳍鱼慢慢爬上了陆地，经过漫长而艰难的历程，在连续不断的世代演变中，它们逐渐变成了在陆地和水中都可以生活的两栖动物。

肉鳍鱼开始登陆，标志着地球上的动物离开了海洋、河流、湖泊，陆地上开始有了生机。

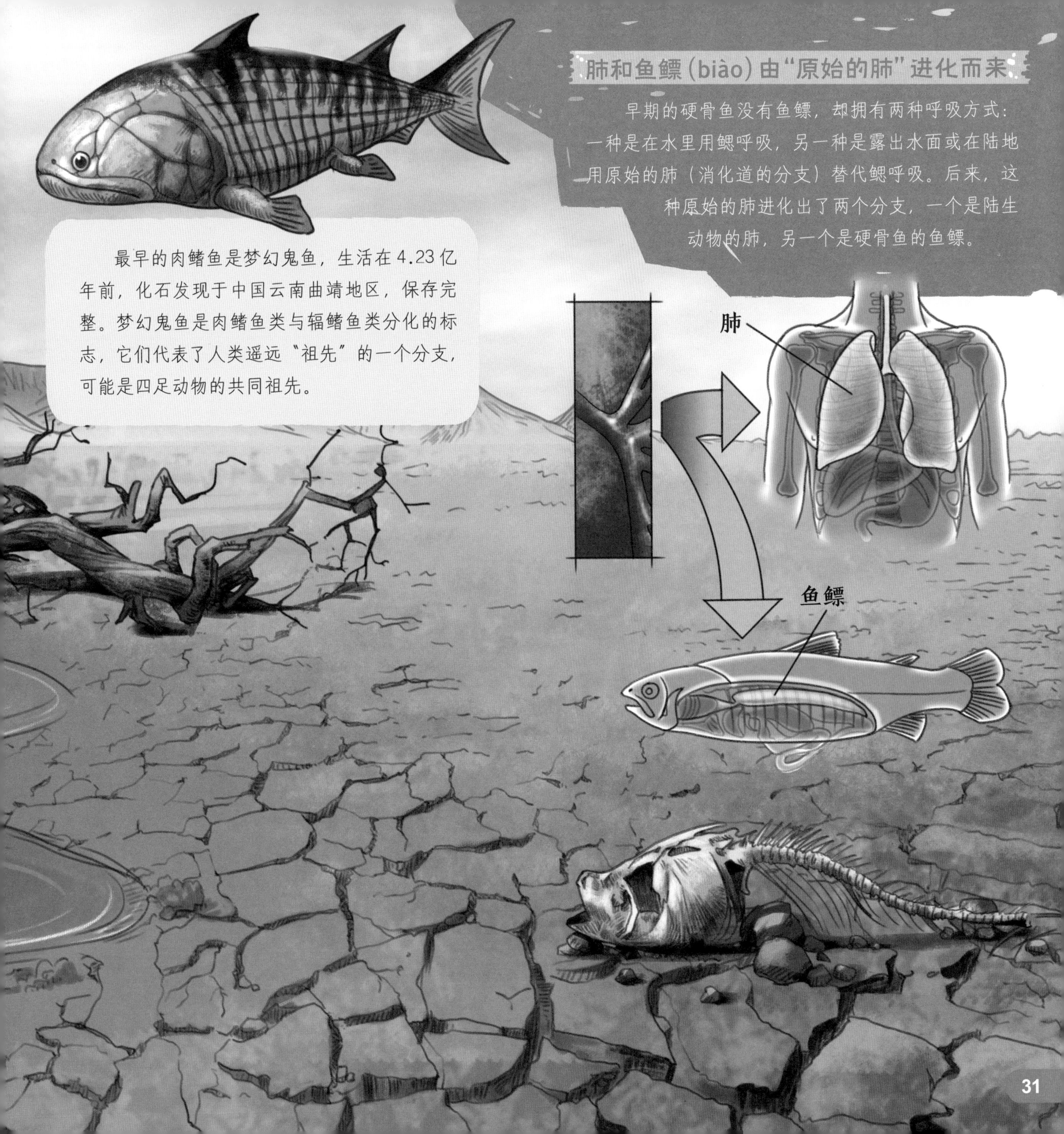
肺和鱼鳔(biào)由“原始的肺”进化而来
早期的硬骨鱼没有鱼鳔，却拥有两种呼吸方式：一种是在水里用鳃呼吸，另一种是露出水面或在陆地用原始的肺（消化道的分支）替代鳃呼吸。后来，这种原始的肺进化出了两个分支，一个是陆生动物的肺，另一个是硬骨鱼的鱼鳔。
最早的肉鳍鱼是梦幻鬼鱼，生活在4.23亿年前，化石发现于中国云南曲靖地区，保存完整。梦幻鬼鱼是肉鳍鱼类与辐鳍鱼类分化的标志，它们代表了人类遥远“祖先”的一个分支，可能是四足动物的共同祖先。
肺
鱼鳔

登陆，登陆！

真掌鳍鱼和潘氏鱼是最早想要登上陆地的鱼，但它们都失败了。只有提塔利克鱼成功登陆，它们是所有陆生脊椎动物的祖先。提塔利克鱼已经具备了两栖动物的雏形，但它们仍是一种鱼。

提塔利克鱼也是一种过渡性物种，它们的出现，按下了鱼类向四足形动物进化的“快进键”。

提塔利克鱼更适应生活在氧气含量较低的浅海。它们有鱼类的特征：有鳞、鳍，用鳃呼吸。同时它们也具有四足动物的特征：有肋骨、肩胛骨、脖子和四条腿，脖颈部还有了关节。不过它们还不能靠腿来行走。它们的头顶上方有两只眼睛，两个鼻孔靠近嘴的边缘。

肉鳍鱼类作为最早登上陆地的海洋生物，进化成了两栖动物，之后经过似哺乳类爬行动物、哺乳动物、灵长类和古猿，最后进化成了人类。

努力往岸上爬

两栖动物最大的变化是长出了肺，并且用肺呼吸，从而不再依赖鳃来获取水中的氧气。它们开始可以在陆地上生活，开启了陆生脊椎动物的新时代。

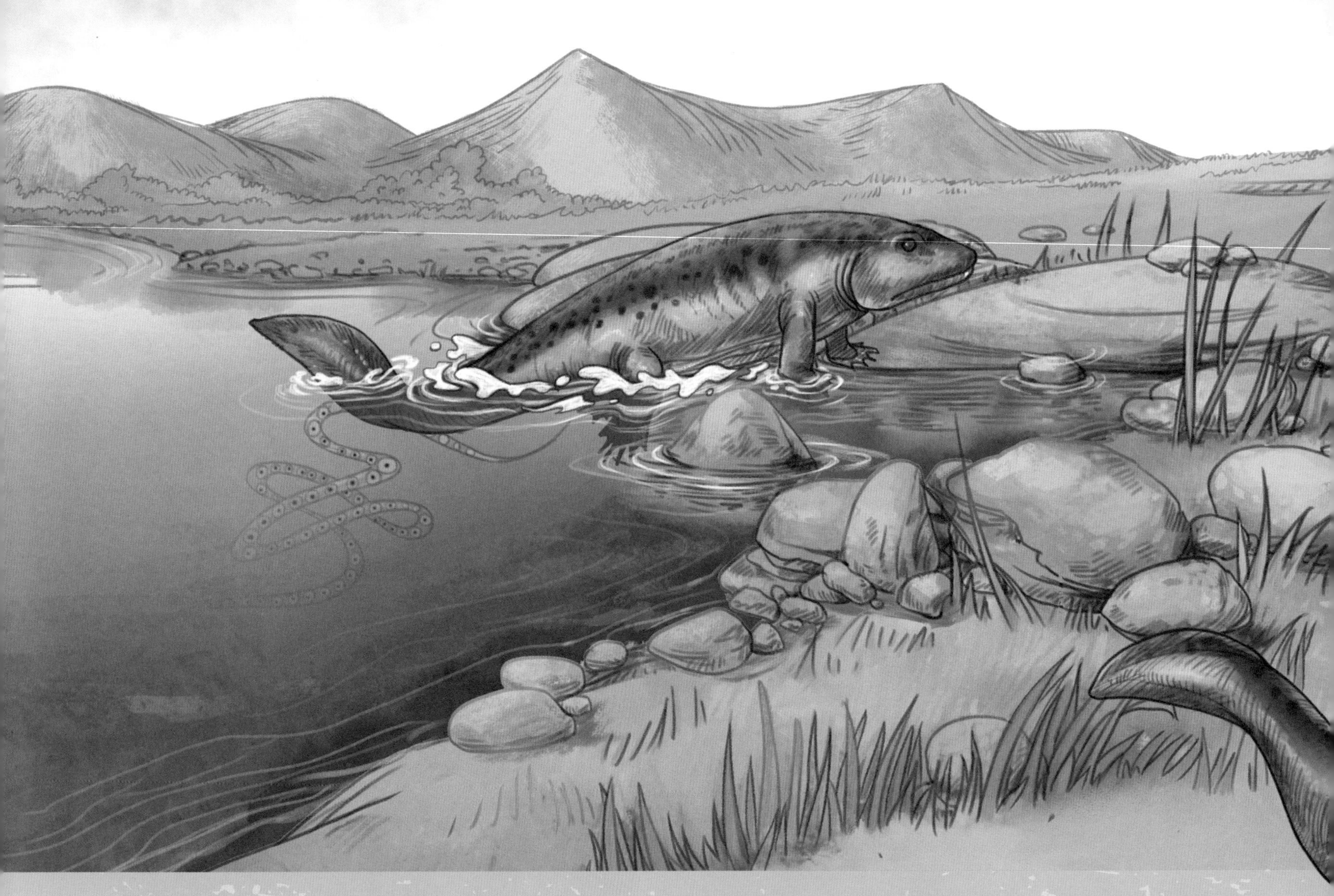

鱼石螈（yuán）的出现是脊椎动物进化史上的第三次巨大飞跃，它们长出四足，爬行登陆。鱼石螈是所有陆生四足动物的祖先，拉开了陆生脊椎动物进化的序幕。

鱼石螈体长约1.5米，体表有小的鳞片，尾鳍呈扁圆形，形态已经越来越不像“鱼”了。鱼石螈有了适应陆地生活的四肢，以及听觉、视觉、嗅觉和触觉。但它们走起路来还不能像后来的四足动物那样交错行进，而是四肢像两对划水的桨一样，支撑着身体向前移动。不过鱼石螈的宝宝只能在水里孵化和生活，所以它们还需要把卵产在水中。

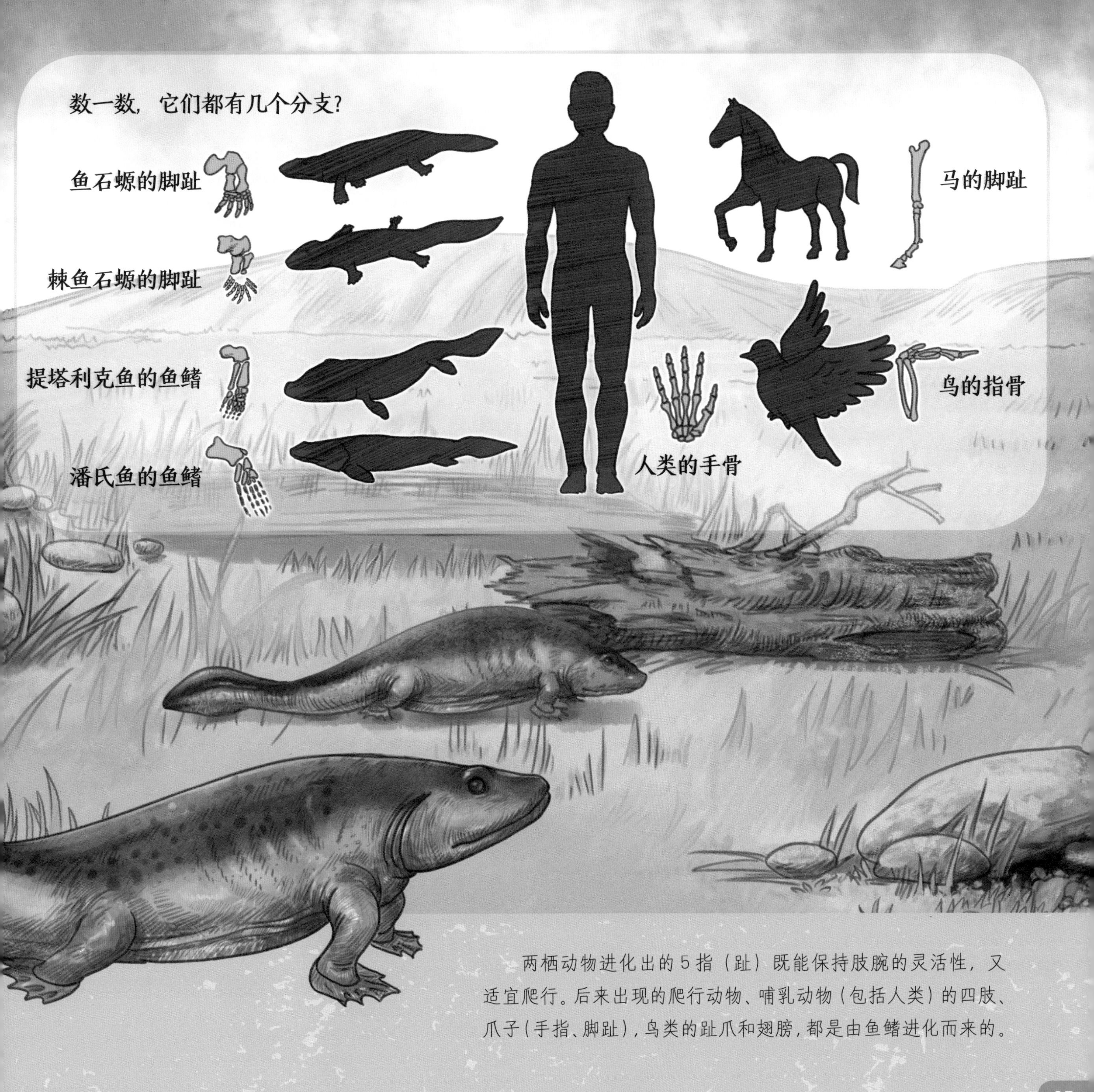

两栖动物进化出的5指（趾）既能保持肢腕的灵活性，又适宜爬行。后来出现的爬行动物、哺乳动物（包括人类）的四肢、爪子（手指、脚趾），鸟类的趾爪和翅膀，都是由鱼鳍进化而来的。

日渐繁盛

提塔利克鱼爬上陆地，拉开了两栖动物进化的序幕，此后地球的陆地被两栖动物所统治，逐渐进化出许多的种类。

不会走路的棘鱼石螈：约3.6亿年前，它们是最早有明显四肢的脊椎动物，但还不适合在陆地爬行。

海纳螈：约3.6亿年前，它们可能最早有了领地意识。

大鲵：因为叫声像婴儿啼哭，也被称为“娃娃鱼”。

过渡物种原水蝎螈：体形大，外表像蜥蜴，生活在沼泽地带，捕食习惯很像今天的鳄鱼。也许是原水蝎螈演变成了最早的爬行动物。

头型奇特的笠头螈：约2.7亿年前，它们形状古怪，成年个体头颅扁平，呈镖形。

长得像巨型青蛙的虾蟆螈：约2亿年前；头大尾短，体长4～5米。

引螈：像鳄鱼的两栖动物，是石炭纪至二叠纪最大的动物之一。

原始的两栖类，因牙齿的釉质层在横切面上像迷宫一样，被称为“迷齿”动物。鱼石螈、引螈、虾蟆螈、迷齿螈等都是此类动物。

牙齿特别的迷齿螈：现在的两栖动物已经没有这种迷宫一样的牙齿结构了。

蜥螈：生活在约2.7亿年前，是一种更接近爬行动物的两栖动物。

从肉鳍鱼进化而来的两栖类，有了能够爬行的四足、主动猎食的嘴巴、可以撕咬的牙齿、用于呼吸的鼻孔和肺、保护眼睛的眼睑（jiǎn）、能活动头部的颈关节、适合陆地生活的3缸型心脏和能够在陆地上听到声音的中耳。这一切都是基因突变、自然选择、适者生存的结果。

普氏锯齿螈：生活在约2.7亿年前，体长可达9米，体重达3吨，长得有点儿像现在的鳄鱼，是世界上出现过的最大的两栖动物。

枝繁叶茂

35 亿年前出现的蓝藻进化出了真核藻类——绿藻等，之后又逐渐进化出了今天丰富的树木、花、草等植物。

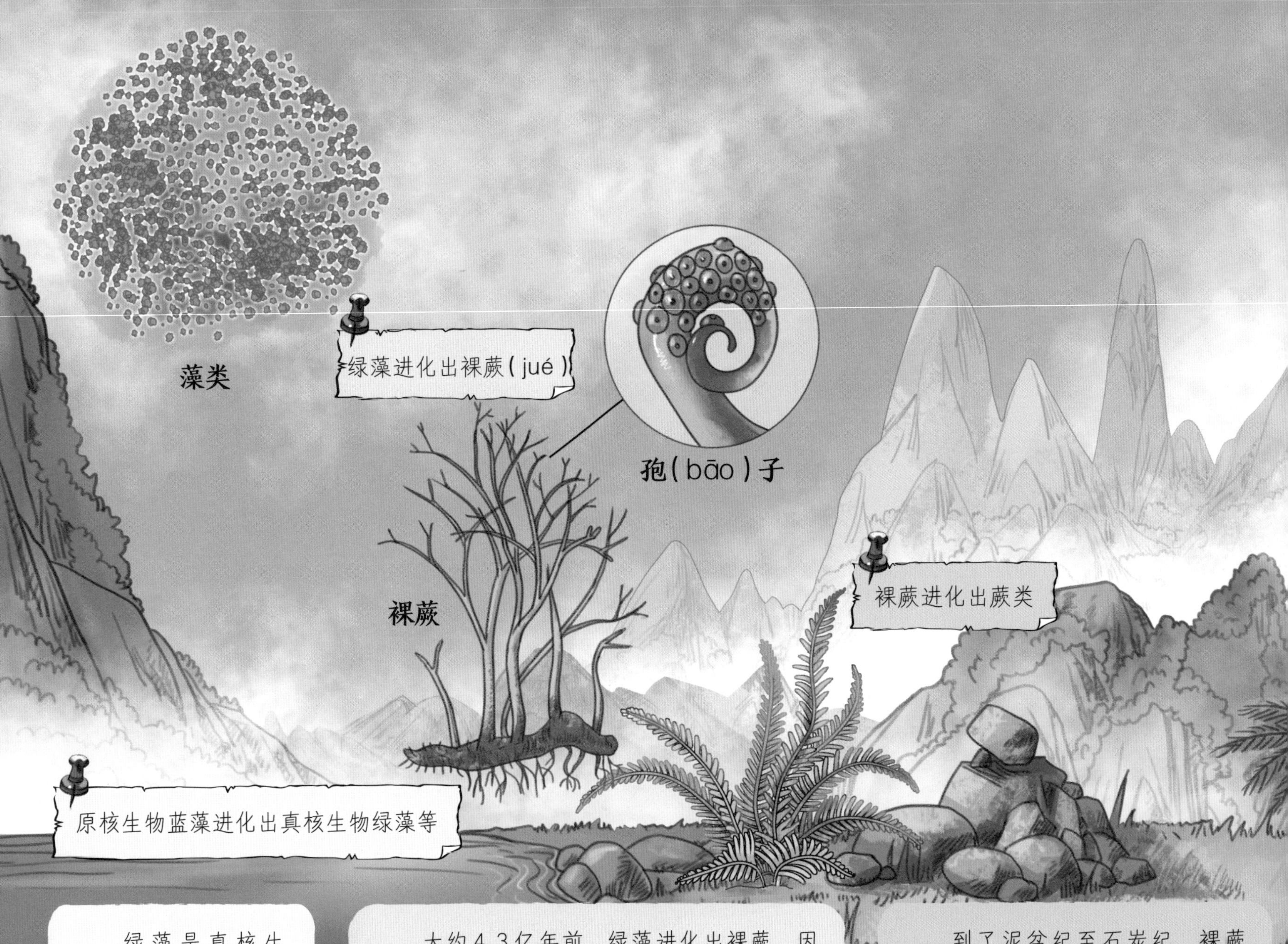

绿藻是真核生物，其细胞与高等植物相似，具有细胞核、线粒体和叶绿体，是所有植物的祖先。

大约 4.3 亿年前，绿藻进化出裸蕨，因无叶而得名。裸蕨是最早进化出维管的植物，维管就是植物输送水分和养分的器官。裸蕨适应陆地生活，用孢子繁衍生息，是所有陆地高等植物的祖先。

到了泥盆纪至石炭纪，裸蕨进化出的蕨类植物覆盖了地球的陆地，形成最早的原始森林。2 亿年前，蕨类植物大都灭绝了，被埋入地下，变成了煤炭层。

最早的种子植物是裸子植物，出现于晚泥盆世，在晚二叠世至晚白垩世繁盛。裸子植物主要包括苏铁、银杏、松柏类，以及已灭绝的科达树等植物。

一直到约1.45亿年前才出现了被子植物，就是我们熟悉的绿色、开花植物。它们形态各异，包括高大的乔木、矮小的灌木及一些草本植物，占据了植物的大多数种类。中华古果是世界上的第一朵花，发现于中国辽西地区。

动物进化树

生物进化的趋势是从低级到高级、从简单到复杂，但也不总是这样。生命在地球上走过了漫长而复杂的进化历程。

丁氏甲鳞鱼
硬骨鱼类
4.23亿年前
邓氏鱼
沟鳞鱼
棘鱼
恐鱼
初始全颌鱼
盾皮鱼类
4.23亿~
3.65亿年前
长吻麒麟鱼
半环鱼
头甲鱼
星甲鱼
曙鱼
甲胄鱼类
5亿~4.4亿年前
鳍甲鱼
海口鱼
昆明鱼
原始无颌鱼类
5.3亿年前
七鳃鳗（活化石）
翼鳍鱼
抚仙湖虫
华夏鳗
仙掌滇虫
叶足动物
灰姑娘虫
西大动物
古虫动物类
5.3亿年前
三叶虫
寒武纪生命大爆发
5.3亿年前
欧巴宾海蝎
冠状皱囊虫
最早后口动物
5.35亿年前
奇虾
海绵
多细胞真核生物
6.5亿年前
领鞭毛虫
单细胞真核生物
20亿年前
蓝藻
原核生物
35亿年前
露卡
40亿年前
原始细胞团块